GUIDE

POUR LA DESTRUCTION

DES

MELOLONTHA VULGARIS

connus sous le nom vulgaire de

Vers blancs et Hannetons

CONTENANT

Les renseignements pratiques et nécessaires
pour préparer soi-même les terres et les préserver ainsi, sans aucun frais,
des Rongeurs des racines détruisant les récoltes en partie,

PAR A. CHÉRON

Ingénieur, Expert manufacturier,
Membre de l'Académie nationale et de la Société d'encouragement, etc.

Prix : 50 centimes

SE TROUVE CHEZ L'AUTEUR

à Paris-Batignolles, rue Brochant, 11

ET CHEZ LES PRINCIPAUX LIBRAIRES

Départements : chez tous les Libraires

1865

GUIDE

POUR LA DESTRUCTION

DES

MELOLONTHA VULGARIS

connus sous le nom vulgaire de

Vers blancs et Hannetons

CONTENANT

Les renseignements pratiques et nécessaires pour préparer soi-même les terres et les préserver ainsi, sans aucun frais, des Rongeurs des racines détruisant les récoltes en partie,

PAR A. CHÉRON

Ingénieur, Expert manufacturier,
Membre de l'Académie nationale et de la Société d'encouragement, etc.

Première Édition

SE TROUVE CHEZ L'AUTEUR

à Paris-Batignolles, rue Brochant, 11

ET CHEZ LES PRINCIPAUX LIBRAIRES

Départements : chez tous les Libraires

1865

Cet ouvrage ayant été déposé, tout contrefacteur ou débitant de contrefaçons de cette brochure sera poursuivi selon la rigueur des lois.

Les exemplaires seront revêtus de la signature de l'auteur.

A. CHERON.

PRÉFACE

Le moyen de réunir dans un cadre le plus étroit possible tous les documents nécessaires et indispensables aux habitants des campagnes, pour arrêter la marche terrible de cette multitude d'ennemis des récoltes , c'est de renseigner les plus instruits d'abord, qui pourront expérimenter et donner de sages conseils à ceux qui les ignorent ; par là ils éviteront les nombreuses déceptions qu'ils éprouvent chaque année et une perte de temps considérable. D'immenses sommes seront aussi économisées.

OBSERVATIONS

Il est bien entendu que ce guide ne répond qu'à l'objet de sa compétence : Les renseignements en sont assez complets et sont exposés d'une façon brève et claire, sans autre prétention que celle de l'exactitude et de l'utilité.

INTRODUCTION

Il y a quatorze ans, pour la première fois, que j'ai consacré mon bon vouloir à un examen qui m'a paru d'une utilité incontestable.

C'est à Ferolles-Attilly, département de Seine-et-Marne, sur un champ d'une assez vaste étendue, situé lieudit le petit parc de la Barre (Ferolles), occupé par mon père.

Cette pièce de terre aride au versant du plateau de Beaurose et du bois de la Barre, appartenait à M. Sapey, sénateur et maire de cette commune.

Les difficultés qui se présentaient annuellement pour la bien cultiver, amenèrent un accroissement continuel de rochers d'herbes. Les récoltes ne réussissent que rarement bien ; j'ai dû tâtonner, en me livrant aux labours, à la charrue, à la fourche ou à la pioche pour en connaître les causes. Après m'être efforcé, quoique modeste et paisible dans mes combinaisons ignorées des habitants du pays, j'ai trouvé le germe du mal, entraîné par le désir de mener ma cure à bonne fin et d'être utile dans l'avenir ; voulant soutenir cette lutte formée de conséquences naturelles, j'ai fait observer à mon père qui a consenti à la nécessité d'en planter une partie en pommes de terre.

Aussitôt je me suis soumis à de nouvelles appréciations, depuis la fin de mars, époque de la plantation de cette patate tuberculense, jusqu'en septembre, il ne m'a pas fallu moins de six mois pour cette première épreuve d'un succès incontestable.

En effet, les vers blancs, ce germe d'une si funeste maladie, qui n'avaient cessé de ronger, étaient parvenus, (n'ayant pu dans cette terre forte et rude, donner les binages utiles qui les auraient en partie détruits) à prendre leurs aliments sur les tubercules presque naissants, c'était la deuxième année de leur existence, la quantité était incalculable, ils étaient énormes et tous bien portants, sauf cependant ceux qui s'étaient laissé atteindre par la pioche ou le crochet, à l'époque de l'arrachage, ou plutôt du dernier effort à tenter sur leur marche, ayant fait preuve de l'importance de leur voracité incontestable, ils n'avaient laissé que l'enveloppe des tubercules échappés pour satisfaire leur appétit.

La récolte a donc été entièrement perdue, par la même raison, les labours, engrais, façons, loyer, semence de quinze heotolitres, tout a passé en pure perte.

RENSEIGNEMENTS UTILES

Bon nombre de cultivateurs propriétaires, et quantité d'ouvriers journaliers, étant pères de famille, ayant quelques morceaux de terre à loyer et fort peu de ressources, se plaignaient à juste titre du fléau qui les avait frappés, accusant et maudissant les vers blancs. Après des preuves aussi remarquables, le mal étant reconnu, je me suis préoccupé pour trouver le remède, n'étant pas agriculteur, ni cultivateur, et moins encore arboriculteur, mais tant soit peu jardinier, légumier, j'ai dû autant de fois et dans toutes les circonstances qui m'ont été possibles, profiter des lumières de personnes honorables et surtout très-versées dans l'art de cultiver.

Plus à même que d'autres, je me suis livré à beaucoup de recherches, attendu que j'étais appelé souvent dans les départements du cercle d'approvisionnement de Paris, en ma qualité d'expert manufacturier, spécialement en matière de prisée de moulin, (*occupation que je continue comme par le passé*), Parmi ces messieurs, j'en ai rencontré souvent qui étaient cultivateurs en même temps que meuniers. Toutes les notes que j'ai pu recueillir, m'ont mis à même de donner en présence d'un malheur aussi funeste que redoutable, quelque suite à mon projet pour en éviter le retour, voulant toutefois prendre les précautions et suivre les procédés que j'indique plus loin aux personnes sensées qui voudront les mettre en usage pour obtenir un bon profit.

Avant d'entrer dans de nouveaux détails sur la marche de cette famille de vermisseaux articulés, j'ai à cœur d'entretenir les lecteurs de ce guide, sur le produit obtenu dans cette même pièce de terre située petit parc de la Barre, tant avant qu'après disparition complète de ses ennemis les rongeurs.

L'année du premier essai, cette terre étant restée en jachère et n'ayant eu qu'une partie emblavée en pommes de terre, une autre portion fut mise en état pour recevoir du seigle, une troisième a été semée en vesce (vescia) pour être récoltée au printemps et consommée en herbe. A l'époque des labours, pour préparer cette terre aux semences indiquées ci-dessus, le moment où les vers blancs se préparent à l'état d'insectes n'étant pas encore arrivé, il s'en trouvait à différentes profondeurs découverts par le labour et en quantité considérable ; pour en juger, je crois utile de donner à connaître que pendant une semaine ne passant que quelques heures chaque jour à suivre la charrue, nous avons recueilli plus de quatre décalitres, ce qui fait environ 35 à 38,000 vers blancs, que nous rapportions au fur et à mesure à plus de quatre-vingts poules qui les mangeaient avec avidité de préférence à leur nourriture accoutumée ; quoique par un temps sombre, ils cessaient d'exister, tués par l'air qui les décomposait presque aussitôt.

Les poules en eurent bientôt un dégoût et ne voulurent plus en manger même étant frais ramassés ; aussi les récoltes de seigles et de vesces durent-elles en souffrir, il existait plus de nues superficielles sur le terre-plein que de parties garnies par la récolte, ce qui aurait pu faire supposer à une semence de mauvaise nature ou imparfaitement distribuée.

COMPARAISON

sur les productions en récoltes

Pour la portion en seigle de la contenance d'un hectare, il a été récolté 170 gerbes, qui ont fourni quatorze décalitres de grains d'une qualité inférieure à celle de la semence, la troisième partie en vesces, de la contenance d'un hectare cinquante ares, ayant été fauchée par moitié en herbe, l'autre moitié fanée et séchée a produit 115 bottes de six kilogrammes chacune, soit 230 bottes pour cent cinquante ares de terrain. D'où il résulte qu'une aussi faible récolte ne peut être considérée comme produit et que ce manque est imputable aux vers blancs qui n'ont cessé d'en ronger les racines jusqu'à la fin de novembre, pour ensuite se transformer en mélolontha vulgaris (ou hannetons), et sortir de terre au premier printemps.

Cette pièce de terre d'une seule contenance de 380 ares environ, a reçu pendant la saison toutes les façons qui étaient convenables et à la fois nécessaires à la destruction des œufs dont nous parlerons plus loin. La terre étant ainsi purgée, la disparition eut lieu naturellement et les semences furent faites en temps utile. La récolte en blé a été des plus abondantes, et le battage a fourni 114 hectolitres de grains du poids de 118 kilogrammes l'hectolitre et demi, récolte assez rare dans une pièce de terre rude à cultiver, très-ingrate et des plus mal situées tant à cause des bois qui la bordent que de sa position au sud sur le versant du ru de Réveillon.

EXPÉRIENCES

Terminées en 1863

Je vais parler des derniers essais qui ont été faits dans une pièce de terre divisée en quatre parties égales situées dans le même département.

Pour en donner une idée satisfaisante et faire concevoir les plus grandes espérances, il suffira de se borner aux aperçus qui ont donné des documents complets à l'expérimentateur, dans des terres destinées à l'élevage des rosiers, dont le travail nécessite un défoncement de plus de deux fers de bêche.

Des résultats ont permis d'étudier et de suivre successivement à toutes les époques la marche de ces sortes d'insectes de l'ordre des ortoptères si nuisibles aux céréales, aux plantes diverses, légumières et aux arbres etc., etc.

PONDE

ET ÉCLOSION DES ŒUFS

Personne n'ignore que les hannetons sont à l'état parfait et sortent de terre dès le premier printemps.

Les femelles vivent en général plus longtemps que les mâles. Après l'accouplement, elles s'enfoncent dans la terre vers la fin du mois de mai, à la profondeur de quatre à cinq centimètres pour y déposer leurs œufs. De préférence elles choisissent une terre garnie d'herbe, pour éviter probablement la destruction de leur ponde par l'action du soleil.

Les œufs ainsi garantis éclosent du 15 au 20 août; les larves (*ou vers blancs*) restent à cette même profondeur jusqu'au 15 octobre et même à la fin de ce mois, quelquefois plus tard, si la terre se maintient sèche. Ensuite la plus grande partie redescend de vingt-huit à trente-cinq centimètres pour être garantie des rigueurs de l'hiver.

Ces larves connues sous le nom vulgaire de vers blancs, cette famille de coleopteres articulés, rongent indistinctement depuis la fin d'avril jusqu'en novembre, toutes les racines qui se trouvent sur leur passage, pratiqué le plus souvent en montant et en forme de filet de vis. Là, ils vivent trois ans

et demi, avant de se métamorphoser et on les y
trouve dès la fin de novembre à l'état d'insectes parfaits (transformés en hannetons), à la profondeur indiquée de vingt-huit à trente-cinq centimètres,
pour sortir au printemps suivant.

OBSERVATIONS

sur les derniers résultats obtenus

D'une pièce de terre divisée en quatre parties égales de la contenance de dix ares cinquante-cinq centiares pour chacune d'elles.

L'une, en luzerne, a été défoncée à la profondeur de 70 centimètres. Il a été trouvé 4,506 vers par les soins de M. David, cultivateur et marchand de rosiers à Brie-Comte-Robert (Seine-et-Marne).

Dans une même quantité de terrain, après une récolte d'avoine, on a trouvé 3,400 vers. Dans une troisième pièce, après une récolte de betteraves, on a trouvé 8 vers, enfin, dans une quatrième pièce ; après une récolte de blé, on en a trouvé 180.

Le défoncement a été le même dans chaque pièce au fur et à mesure de l'enlèvement des récoltes: C'est à cette époque que les soins les plus minutieux ont été employés pour trouver les quantités qui n'avaient pas été atteintes, et dans le but d'obtenir un double résultat en justifiant l'état des terres pendant le laps d'espace que ce dernier essai a nécessité. D'où il résulte que les parties où il s'en trouve le moins, sont celles qui ont été façonnées superficiellement jusqu'en septembre, et surtout l'année de la ponte des hannetons.

Des différentes espèces de Coléoptères

Parmi les espèces de coléoptères connus, on distingue le plus particulièrement les polydemus qui ont une grappe des plus composés ; les ovaires sont au nombre de quatre-vingts au moins, quelquefois plus, tandis que les scolopendra n'en ont que de quatre à six seulement ; le produit que donne une femelle n'est pas toujours régulier pour la quantité des œufs qu'elle pond ; nous avons remarqué que souvent le nombre en est de quarante.

Ces œufs étant séparés, la coque est souvent cornée et plus ou moins cassante, d'autres fois elle est coriace et flexible, chez la plupart des espèces elles sont entièrement blanches ; mais il en existe beaucoup chez lesquelles elle a des couleurs différentes.

Les œufs sont le plus souvent ronds ou ovales ; chez un assez grand nombre d'espèces ; cependant, ils offrent les formes les plus variées et sous ce rapport ils se distinguent d'une manière toute particulière chez les coléoptères rhélolontha vulgaris (ou hannetons); ils sont généralement ovoïdes, il sera donc aisé de les distinguer de ceux des lépidoptères.

Je ferai observer ici que lorsque les œufs ne sont pas pondus à mesure qu'ils s'accumulent dans l'oviductus, les trompes et les ovaires, alors on en trouve d'entièrement parfaits jusque dans les extrémités de ces derniers ; mais quand ils ne s'accumulent pas, ce n'est que dans la partie postérieure des ovaires que l'on rencontre des œufs tout à fait développés.

La pulpe des œufs vue au microscope, a la consistance d'une pâte assez liquide ; elle est formée par un amas de petits grains arrondis d'un centième de millimètre de grosseur et d'un blanc très-pur. L'intérieur de la coque est tapissé d'une grande quantité de petits globules posés les uns contre les autres, et dont chacun est formé de petites granulations égales à celles qui composent le reste de la pulpe.

MOYEN DE DESTRUCTION

Dans un intérêt mutuel, il serait de première utilité que tous les propriétaires agriculteurs et les cultivateurs, etc., aussitôt après les récoltes des moissons, c'est-à-dire pendant les mois d'août et septembre, surtout l'année de la ponde, ou celle qui suit la ponde des hannetons, fissent remuer la plus grande quantité possible des terres à leur surface par des labours légers de quatre à cinq centimètres de profondeur seulement, soit à la charrue, soit à la herse Bataille, ou au binot.

Une semblable façon, à cette époque, suffira non pas pour détourner, mais pour détruire en grande partie ces vers dont la frêle existence serait aussitôt détruite par l'action du soleil et même de l'air seul qui les tue ; leur destruction est souvent achevée par une plus ou moins grande multitude de gros scarabées (libellule ou demoiselle) qui à ce moment parcourent la surface des terres, et qui en font leur nourriture, dévorant tous ceux qu'ils rencontrent.

Bien que j'indique le moyen de diminuer de beaucoup le nombre sans vouloir garantir la destruction complète de cette famille ennemie des végétaux, les expériences dont j'ai parlé et qui ont été suivies sérieusement, me paraissent cependant suffisantes pour ne pas douter que la destruction ne soit considérée comme absolue dans les terres ainsi façonnées.

Un jour viendra peut-être que l'emploi de ce Guide sera considéré d'utilité absolue et rendu obligatoire dans tous pays, par une ordonnance émanant d'une décision supérieure. La guerre leur étant faite à une telle outrance, on trouvera la fin des vers blancs. Plus de ver blanc ! Plus de hanneton, plus de larve dévastatrice ! Cette tâche ainsi remplie, aucune perte ne sera plus à craindre par ces redoutables ennemis du monde entier.

(Voir les observations sur les derniers résultats obtenus (page 15).

Comment les Hannetons se lèvent

Il est incontestablement connu, de toutes les personnes qui habitent les campagnes, que les hannetons se lèvent en masse des bois, dont ils sont souvent portés par les vents, en plus ou moins grande
quantité dans des endroits que dans d'autres. La
résistance de l'air agit sur leurs ailes lorsqu'ils se
trouvent dans une position moyenne ; dans cette si-
tuation, soit en s'élevant, soit en s'abaissant, ils
sont conduits en direction de la résistance que l'air
leur oppose et successivement les plaines les plus
belles et les plus vastes en sont infestées. A cette
époque, les oiseaux en détruisent une grande partie
même avant qu'ils n'aient causé des dégats. Les pies
et les corbeaux les détruisent sous les deux formes
ainsi que les hérissons qui font également leur
nourriture de tous les scarabées et hannetons qu'ils
cherchent avec soin pendant la nuit : ils se nour-
risent aussi de vers blancs qu'ils trouvent à une

faible profondeur, ne fouillant la terre qu'avec le nez seulement.

Désormais il serait urgent de ne plus détruire, mais au contraire de laisser pulluler en grand nombre ces individus si utiles pour nous aider à détruire ces insectes qui nous sont tant nuisibles, ne pouvant les atteindre que dans les terres destinées à la culture.

NOURRITURE

et durée de l'existence des hannetons

DONNÉES SUR LEURS LARVES ET FLÉAUX

A l'état parfait, les melontha (ou hannetons) se nourrissent des feuilles des arbres, et quoique la durée de leur existence ne soit que de quinze à vingt jours, il arrive souvent qu'ils dépouillent les arbres de leurs feuilles.

Ces insectes ne volent que le soir et c'est alors qu'ils s'accouplent : leur coït dure ordinairement plusieurs heures et même jusqu'au lendemain. La plupart des coléoptères et notamment le mélolontha vulgaris ont une marche irrégulière parce qu'ils ne meuvent pas leurs membres toujours dans le même ordre.

*
* *

Les œufs n'étant point couvés par les femelles, le plus grand nombre les place dans des lieux favorables à leur développement comme il a été indiqué. (Page 13). Chez le melontha la larve, ou ver blanc, sortant de l'œuf, ne diffère de l'insecte que par l'absence des ailes.

*
* *

Dans l'un ou dans l'autre état, cet insecte, ainsi que toutes les espèces d'un même ordre, devient souvent, par une trop grande multiplication, un véritable fléau pour les campagnes. A l'état de larve ou vers blancs, ils rongent les racines de presque toutes les plantes indistinctement. A l'état de hannetons, ils effeuillent les arbres fruitiers et de toutes les essences forestières, etc. Leurs dégâts sont épouvantables d'après mes examens, et suivant les rapports constatés et ci-joints de plusieurs savants auteurs.

M. Hercule Straus Durckheim, suivant son traité d'anatomie comparée des animaux articulés, dit qu'en 1816, dans le département du Bas-Rhin, il a vu des prés d'une assez grande étendue sur lesquels on n'apercevait plus aucune plante vivante, les vers blancs ayant détruit toutes les racines. Quand donc, dit-il, aura-t-on trouvé un moyen pour détruire ces insectes et ces larves dévastatrices ?

*
* *

L'honorable **M.** Joly, éminent professeur d'histoire naturelle de la faculté des sciences de Toulouse, parle des ravages de ces terribles adversaires ; lorsqu'ils s'abattent par milliers sur les arbres, leurs dégats ne sont rien selon son dire, en raison de plus épouvantables encore qu'ils nous causent sous le

nom de vers blancs : car, par une déplorable excep-
tion, ils peuvent nous nuire dans l'un et dans l'autre
de ces états.

*
* *

L'Académie nationale, agricole, manufacturière et
commerciale, dans son journal mensuel du mois
d'octobre 1864, publie un fait recueilli par M. Joly,
extrait d'un magnifique ouvrage intitulé : *Die For-
stinsecten*, par le docteur Razeburg, qui rapporte
qu'en 1855 et surtout en 1856, les hannetons (mélolontha vulgaris) ravagèrent et firent périr une im-
mense quantité d'arbres dans diverses localités de
la Prusse, et que dans les seuls environs de Qued-
limburg, on recueillit trente-trois millions cinq-
cent-quarante mille de ces individus.

*
* *

Ces faits sont incontestables, les documents cités
sont bien plus que suffisants : chacun ayant connais-
sance ou à peu près, de cette fécondité incalculable,
reconnaîtra la nécessité de se hâter d'en tenter la
destruction. Car tout nous prouve qu'il en reste une
quantité innombrable, que chacun s'est depuis longtemps occupé par de vains efforts à aviser aux
moyens à employer pour les détruire, sans s'être
rendu compte d'un aussi simple procédé, qui, selon
les probabilités et les essais en résultant, ne peut

amener qu'à de bonnes solutions au point de vue
vrai qui ne nécessite aucune dépense ni apprêt, etc.,
que la façon donnée à cette intention est à la fois
utile aux terres (1).

J'espère n'engager aucune lutte, au contraire ! je
provoque l'incrédulité pour se livrer à un travail
d'un aussi haut intérêt ; toujours prêt à des sacrifices
pour de nouveaux chefs-d'œuvre de persévérance
et d'heureuse exécution, je me propose de suivre
annuellement des expériences sur les diverses
pièces de terre qu'on voudra bien mettre à ma dis-
position sans apporter le moindre retard aux façons
nécessaires à leurs reproductions.

Dans le but d'être utile,

A. CHERON.

1. Plusieurs personnes ont essayé l'emploi du soufre en poudre,
et semé sur les terres. Ce moyen, qui ne peut les atteindre à cause
de la profondeur où ils se trouvent, coûterait fort cher par la quantité nécessitée tout en restant sans résultat, puisqu'il ne peut leur
nuire qu'à l'état de gaz.

Le 15 décembre 1864, un mémoire manuscrit a
été déposé dans les bureaux de l'Académie nationale pour être soumis au bon jugement d'hommes
compétents qui composent cette honorable institu-
tion. Elle recommande la mise en usage de ce guide
parce qu'elle reconnaît les nombreux services qu'il
est appelé à rendre chaque jour dans la culture. Je
soumets son dire qu'elle a transmis à tous ses membres dans son journal mensuel du mois de février
1865.

Opinion de l'Académie nationale

M. Cheron, frappé des désastres que les vers
blancs ou larves de hannetons occasionnent si souvent dans la grande culture et même dans les cul-
tures arbustives, s'est proposé de déterminer par
l'observation le meilleur moyen de détruire ces redoutables ennemis des cultivateurs. Pour y parve-
nir, il a étudié attentivement les mœurs des hannetons et de sa larve, et consigné les résultats de ses
recherches dans un mémoire manuscrit qu'il com-
munique à l'Académie nationale avant de le livrer à
l'impression.

Les dernières observations de M. Cheron ont été
faites dans une pièce de terre située dans le département de Seine-et-Marne, et destinée à la culture
des rosiers, laquelle nécessite un défoncement à
deux fers de bêche, ce qui a permis de suivre successivement à toutes les époques de leur développement la marche des vers blancs.

Les hannetons sortent de terre au printemps à l'état d'insectes parfaits, les femelles ont une existence plus longue que celle des mâles. Vers la fin du mois de mai, après s'être accouplées, elles s'enfoncent en terre à quatre ou cinq centimètres pour y déposer leurs œufs qu'elles pondent au nombre de 40. Ces œufs éclosent du 15 au 20 août. Les larves ou vers blancs qui en proviennent restent en terre à cette profondeur jusqu'au 15 octobre environ. Alors ils descendent à trente ou trente-cinq centimètres pour être à l'abri des rigueurs de l'hiver et y restent engourdis. Vers la fin d'avril, ils sortent de leur engourdissement et se mettent à parcourir le sol en dévorant toutes les racines qu'ils trouvent sur leur passage. Ils vivent ainsi pendant trois ans et demi en passant par toutes les phases de leur développement jusqu'à leur métamorphose en insectes parfaits, qui a lieu vers l'automne, mais ils restent pendant l'hiver à la profondeur indiquée par M. Chéron, et ne sortent qu'au printemps suivant pour dévorer les jeunes feuilles et se reproduire.

M. Cheron donne de nombreux détails sur la conformation anatomique des œufs de hannetons et sur le développement de leur larve, et ses expériences l'amènent à conclure que, pour s'en débarrasser, les cultivateurs devraient, après les moissons, remuer superficiellement la terre, soit à la charrue, soit à la herse Bataille, soit au binot (une semblable façon, dit-il, donnée à cette époque, suffira pour détruire en partie les œufs ou les jeunes vers blancs dont la frêle existence ne peut résister à l'action de l'air et du soleil, et qu'une multitude d'insectes entre autres des libellules ou demoiselles, qui parcourent alors en tous sens la surface des terres, dévorent avec avidité ceux qu'elles rencontrent). Pour les personnes qui cultivent, il est bon de leur recommander la mise en usage de ce moyen de destruction, ainsi que l'a fait M. Cheron, après l'avoir expérimenté lui-même.

Nous l'approuvons aussi d'appeler l'attention sur les auxiliaires que la nature a donnés à l'homme pour détruire le hanneton et ses larves dévastatrices, et parmi eux nous mentionnerons le moineau franc comme destructeur du hanneton, le corbeau et la pie comme d'une avidité sans pareille pour les vers blancs. Nous dirons aussi qu'en leur faisant *une guerre à outrance et obligatoire comme aux chenilles*, on ne tarderait pas à obtenir un bon succès.

En attendant, nous pensons que M. Cheron fera fort bien de publier le résultat des observations qu'il nous a communiquées.

* *

Vous voyez chers lecteurs, que je réponds au vœu de cette respectable société, en ne mettant aucun délai à soumettre à l'impression ce guide qui est appelé à rendre d'immenses services.

CONCLUSION

Dans la pensée d'avoir fait un livre utile, après avoir étudié autant par devoir que par sympathie, je prie les lecteurs de l'étudier sérieusement pour le pratiquer convenablement.

Ils ont, d'ailleurs, le plus grave intérêt à se mettre bien au courant et donner lieu à sa publicité. Enfin, les personnes qui cultivent trouveront leur compte en récolte considérablement amélioré par le produit.

Si ce guide est incomplet, si je me suis trompé, si des omissions ont eu lieu, si des erreurs se sont glissées dans ce travail, malgré mon intention et les soins les plus minutieux, ce ne sont, j'en suis certain, que des erreurs bien légères, qui seront réparées avec empressement au prochain tirage.

TABLE DES CHAPITRES

contenucs dans le

Guide pour la destruction des vers blancs et hannetons

FIN DE LA TABLE.

PARIS. — IMP. ALCAN LÉVY, BOULEVARD PIGALLE, 59

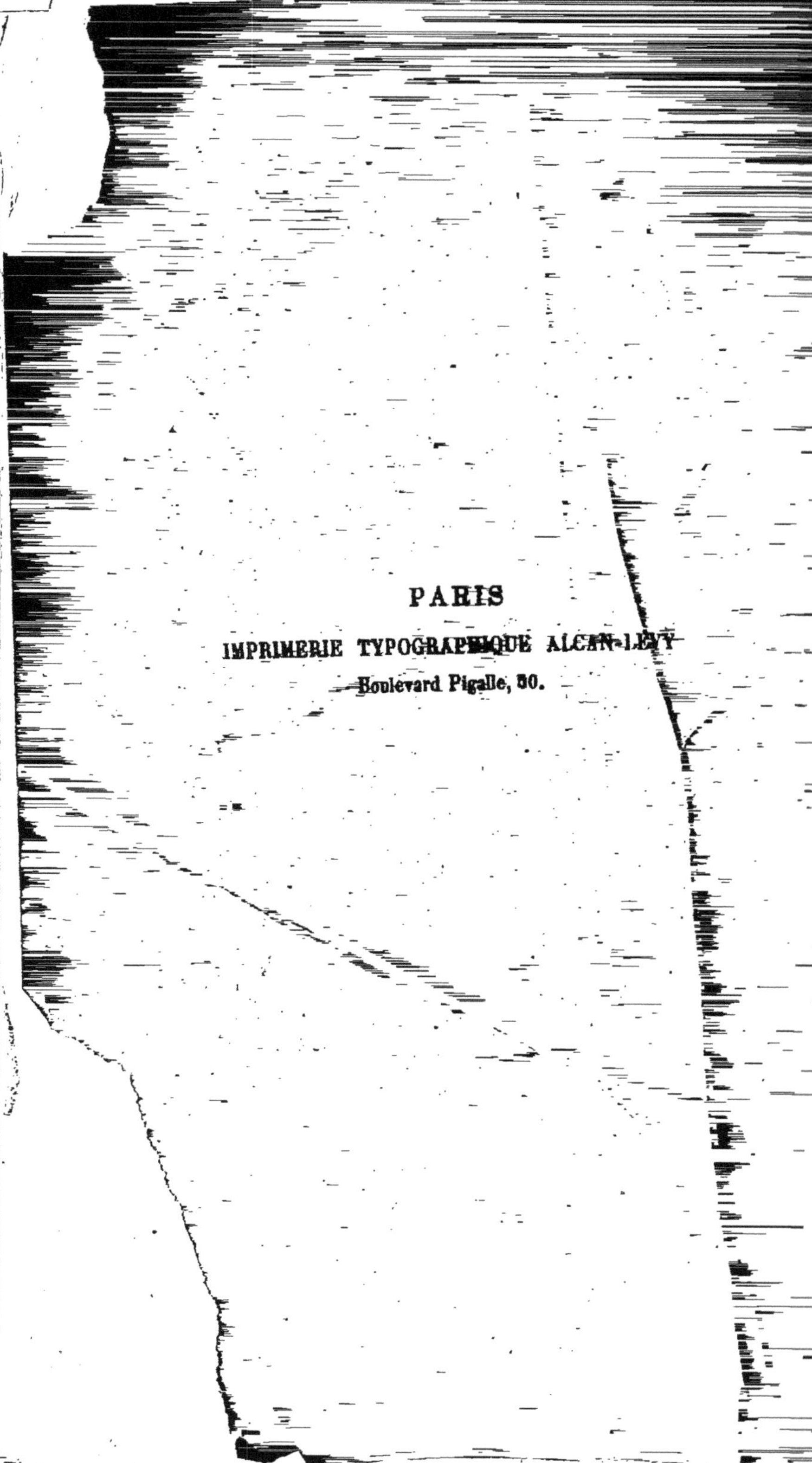

PARIS

IMPRIMERIE TYPOGRAPHIQUE ALCAN-LÉVY

Boulevard Pigalle, 30.

www.ingramcontent.com/pod-product-compliance
Ingram Content Group UK Ltd.
Pitfield, Milton Keynes, MK11 3LW, UK
UKHW021630130726
13696UKWH00005B/2102